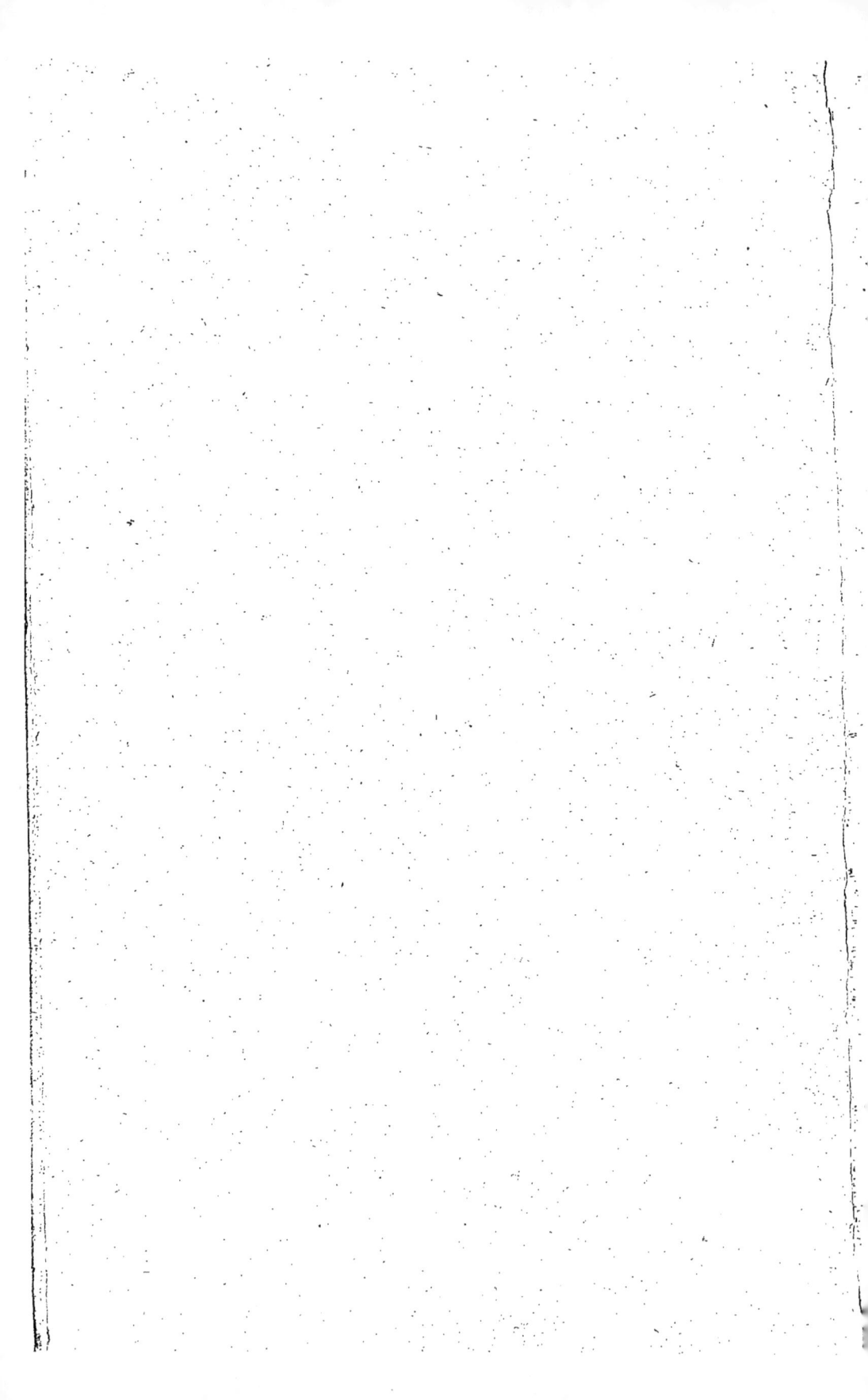

2ᵉ CONGRÈS FRANÇAIS

DE CLIMATOTHÉRAPIE ET D'HYGIÈNE URBAINE

ARCACHON, 24-28 Avril 1905 — PAU, 29 Avril

SOUS LA PRÉSIDENCE

De M. le Professeur **RENAUT**, de Lyon

Associé national de l'Académie de Médecine.

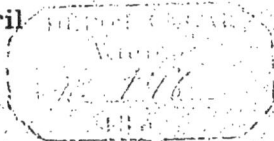

SECTION D'HYGIÈNE URBAINE

CONDITIONS HYGIÉNIQUES

DE

LA VILLE DE PAU

RAPPORT

PAR

Le Docteur BARTHÉ, de Pau

Directeur du Bureau Municipal d'Hygiène de la Ville de Pau.

———·ο·———

PARIS

ÉDITIONS DE *LA REVUE DES IDÉES*

7, RUE DU VINGT-NEUF JUILLET, 7

—

1905

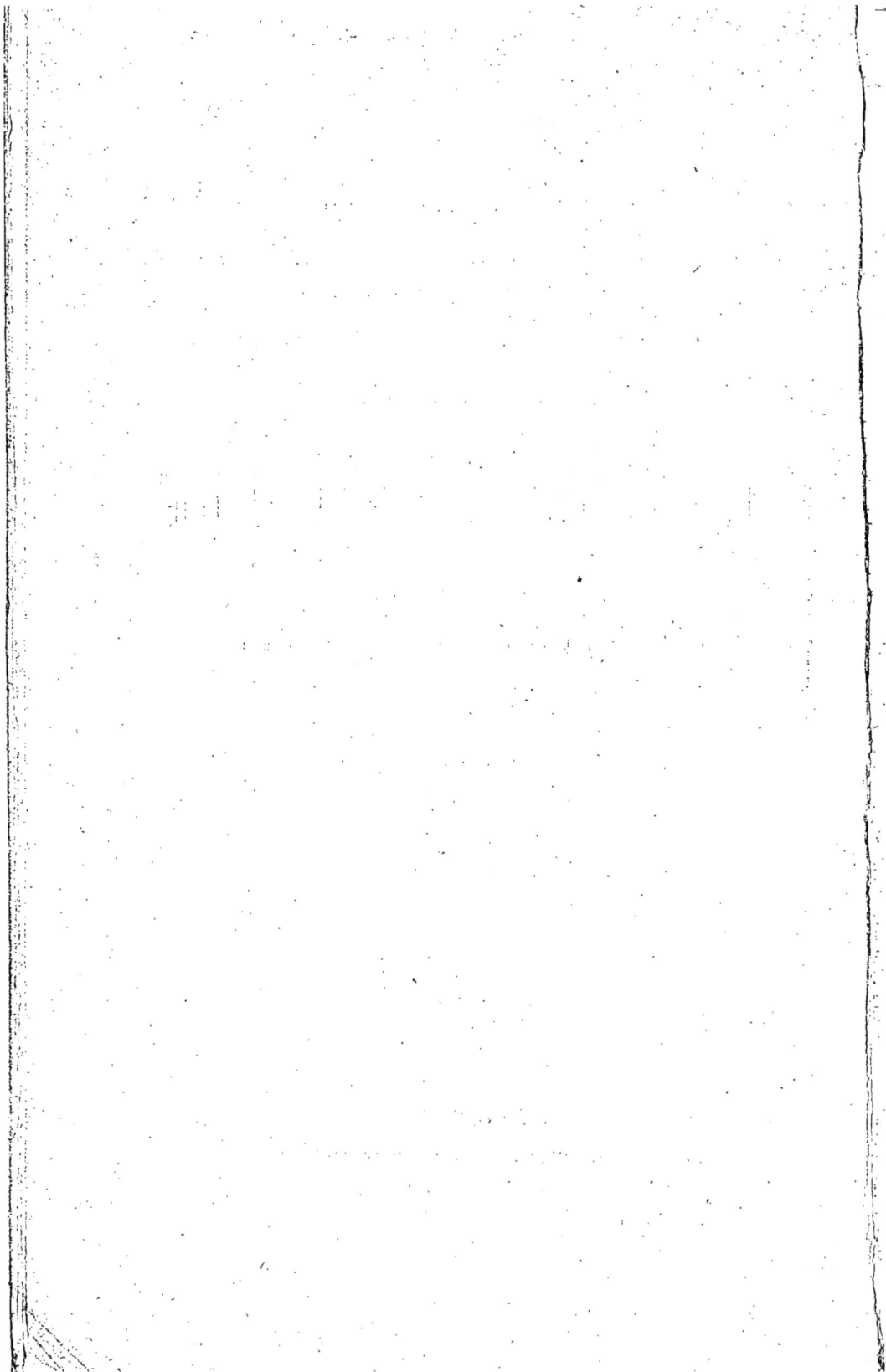

LES CONDITIONS HYGIÉNIQUES DE LA VILLE DE PAU

Rapport par le Docteur BARTHÉ, de Pau

Directeur du Bureau municipal d'Hygiène de la ville de Pau

I

Données préliminaires.

La ville de Pau est située à 30 kilomètres de la montagne et à 100 kilomètres de la mer dans une région favorisée par la douceur de la température et le calme habituel de l'atmosphère, épisodiquement troublé, toutefois, par les vents d'Ouest et de Nord-Ouest qui apportent de l'Océan, avec des ondées peu prolongées, un air pur, aseptique, vivifiant.

Elle s'élève, face à la chaîne des Pyrénées, à l'altitude moyenne de 210 mètres, sur un plateau qui déroule son long ruban du Sud-Est au Nord-Ouest, de Pontacq à l'Adour, sur une largeur d'environ 5 kilomètres. Ce plateau, qui s'incline insensiblement vers le Nord-Ouest, présente, à hauteur de Pau, une double pente transversale déterminée par la ligne de partage des eaux du Gave et du Luy de Béarn; Pau se trouve exactement à la limite du versant méridional, avant que le plateau ne s'abaisse en pentes abruptes vers la vallée du Gave qu'il surplombe de 36 mètres; il s'y étend sur les bassins des ruisseaux le Hédas et le Coudères, deux petits affluents du Gave, descend par la Basse-Ville dans la vallée du Gave et envoie par la rue du XIV Juillet un long prolongement sur la rive gauche de cette rivière.

La composition géologique du sol diffère dans la vallée et sur le plateau.

Dans la vallée, le sol est formé d'alluvions modernes qui reposent sur un lit accidenté de Poudingue de Palassou; ces alluvions, perméables à l'air et à l'eau sur une profondeur de plusieurs mètres, se prêtent généralement bien à la prompte décomposition des matières organiques et à la salubrité des habitations.

Sur le plateau, le sol est un terrain de diluvium quaternaire, reposant aussi sans doute sur le même substratum de Poudingue, mais dont les couches superficielles sont imperméables ; ce diluvium est, en effet, constitué de bas en haut d'un banc de sable, d'une puissance toujours supérieure à 5 mètres, surmonté d'un agglomérat très dur et imperméable de sable, de galets et d'argile, qui est lui-même recouvert d'une couche d'argile d'une épaisseur moyenne de 1 mètre. Le tout est superficiellement revêtu de 1 mètre à 1m 20 de terre végétale.

Il résulte de cette disposition que les eaux pluviales et autres, après avoir traversé la couche de terre végétale, sont maintenues à une faible profondeur par la couche d'argile et cheminent à sa surface, sous forme de nappe superficielle, en suivant les lignes de plus grande pente, jusqu'à ce qu'elles rencontrent un débouché extérieur (fossé, ruisseau) par où elles s'échappent définitivement, ou une dépression, en forme de cuvette, où elles séjournent en formant un marais ou un étang.

Le banc de sable sous-jacent à l'argile contient une immense collection aqueuse qui, pendant longtemps, a fourni à la population son unique eau d'alimentation par plus de 400 puits publics ou particuliers et par des sources qui jaillissent nombreuses des flancs abrupts du plateau, partout où les érosions du sol ont mis à nu la couche de sable aquifère.

Cette constitution géologique entraîne diverses conséquences hygiéniques importantes.

Le plateau, appelé Lande du Pont-Long, est encore aujourd'hui inculte et inhabité dans la plus grande partie de son étendue ; il n'y pousse guère que des ajoncs épineux, des fougères, des bruyères, qui fournissent une litière et surtout un fumier très appréciés, et des herbages divers qui naissent et meurent sur place enrichissant le sol par leurs dépôts successifs. Dans ce sol vierge, que le soc de la charrue n'ameublit jamais, les phénomènes de la capillarité s'exerçant dans toute leur puissance à travers les pores ténus d'un sol compact, peu aéré, l'eau de la nappe superficielle s'élève jusqu'à la surface entretenant l'humidité de l'atmosphère et s'opposant à la bonne décomposition des matières organiques.

L'humidité atmosphérique, en dehors des fortes averses, se tient toujours assez loin de son point de saturation, mais elle est cependant très perceptible en toutes saisons à la naissance et à la chute du jour ; jointe à la douceur de la température et au calme habituel de l'atmosphère, elle contribue à procurer la sédation qui est un des attributs les plus remarquables du climat de Pau.

Quant aux matières organiques, on sait que, dans le cycle de dégradations qu'elles subissent pour retourner au règne minéral, elles se solubilisent et sont entraînées dans le sol par les eaux pluviales. — Dans la partie inculte du plateau, les matières organiques, végétales le plus souvent, pénètrent ainsi dans un sol abreuvé, où leur décomposition complète est indéfiniment retardée ; la surface du sol s'épure aux dépens des couches plus profondes ; de là, sans doute, cette particularité que, malgré la réunion des trois facteurs essentiels de l'impaludisme, la chaleur, l'humidité et la richesse en produits organiques végétaux, le Pont-Long ne donne lieu à aucun accident imputable à cette intoxication, tant que l'intégrité de la surface du sol est respectée : un poste de soldats séjourne en permanence sur la lande pour la garde de la butte de tir sans qu'il en résulte le moindre inconvénient. Les marais eux-mêmes, soit que, situés sur les parties les plus déclives, ils se maintiennent toujours à un degré suffisant d'imbibition, soit qu'ils soient trop éloignés des habitations, ne paraissent pas doués d'une influence nocive spéciale. Mais il n'en est pas de même si, par des travaux de terrassement ou de défriche-ment, on vient à exhumer les couches riches en produits organiques végé-taux dont la décomposition est restée suspendue ; dans ces nouvelles condi-tions, au contact de l'oxygène de l'air, ces détritus tombent dans une décom-position rapide qui paraît favorable au développement des hématozoaires de l'impaludisme ; c'est ainsi que, les défrichements ayant été poussés avec une rare activité vers l'année 1864, M. le docteur Duboué observa, ainsi qu'il l'a relaté dans son ouvrage (*Impaludisme*, 1867), une explosion d'impaludisme, peu grave d'ailleurs, et qui cessa avec l'extension des défrichements. Aujour-d'hui, jusqu'au troisième kilomètre en dehors des limites de la ville agglo-mérée, le sol partout asséché par le drainage, ameubli par le labour, assaini par la culture, paraît être devenu inerte au point de vue paludéen ; sa no-cuité s'est transformée en une activité bienfaisante qui se traduit par une fertilité remarquable ; la lande a fait place à des fermes prospères et à de co-quettes villas entourées d'une végétation luxuriante, et il n'est plus fait men-tion d'impaludisme ni à Pau, ni dans ses environs immédiats. — Dans les mêmes conditions d'aération et d'assèchement, bien que la couche épura-trice soit un peu faible, les terrains cultivés sont également aptes à la com-bustion complète de l'engrais qu'on leur incorpore pour les besoins de la cul-ture. Mais lorsque le sol n'est pas périodiquement ameubli et que la souillure est à la fois intense et permanente, comme celle qui provient d'une écurie, d'un fumier et surtout d'une fosse d'aisances non étanche, l'épuration n'est pas toujours parfaite et les eaux de la nappe superficielle peuvent être grave-ment polluées par des produits organiques incomplètement modifiés et éven-tuellement par des germes pathogènes. Sans doute, la couche d'argile, par sa continuité, constituerait une protection suffisante contre la pénétration de ces impuretés dans les eaux potables de la nappe profonde ; mais les puits établissent des communications directes entre les deux nappes, et, ainsi que de nombreuses analyses en font foi, l'eau des puits est fréquemment conta-minée et la souillure tend à retentir sur la nappe en aval. Aussi, tant que la ville de Pau, soumise au régime des fosses peu ou point étanches, s'est ali-mentée en eaux de son sous-sol, la fièvre typhoïde et les gastro-entérites des enfants du second âge ont-elles sévi avec une fréquence regrettable dans sa population.

Cette situation n'était pas compatible avec la prospérité croissante de la ville et l'afflux toujours plus considérable d'une riche clientèle d'hiver, par-ticulièrement soucieuse des lois de l'hygiène ; elle imposait à sa municipalité l'impérieux devoir d'assurer l'assainissement de l'air, du sol et de l'eau, et de faire de Pau une station répondant à toutes les exigences de l'hygiène mo-derne. Les éminents administrateurs, qui, depuis 40 ans, ont présidé à ses destinées, n'ont pas failli à cette noble tâche et l'ont menée à bonne fin avec une persévérance et un esprit de suite vraiment admirables.

II

Assainissement

1º ALIMENTATION HYDRAULIQUE

Le premier pas dans la voie de l'assainissement fut fait, en 1865, par l'adduction d'eaux de source en abondance.

L'alimentation hydraulique de la ville de Pau s'effectue au moyen d'eau prise, à raison de 100 litres par seconde (environ le vingtième du volume débité), à l'Œil du Néez, source qui jaillit à la côte 305 dans la haute vallée de Rébénacq, à 16 kilomètres et demi de Pau. Les eaux sont captées à leur sortie et amenées au réservoir de distribution de Guindalos, à 2 kilomètres et demi de la ville, par une conduite souterraine en béton de ciment qui se tient toujours à une profondeur moyenne de 1 mètre et qui présente un développement de 22.376 mètres. Le réservoir de distribution de Guindalos a été construit à la côte 240, sur les coteaux de la rive gauche du Gave qui dominent la Ville ; entièrement en maçonnerie, enterré en déblai et recouvert de voûtes qui supportent une couche uniforme de 1 mètre de terre, il a une capacité de 1.800 mètres cubes ; il sert à emmagasiner l'eau qui, pendant la nuit, n'est pas utilisée et à alimenter directement la ville, lorsque, pour une cause quelconque, une interruption dans la conduite d'amenée devient nécessaire. Du réservoir de Guindalos partent les conduites maîtresses de distribution, au nombre de deux, forcées, en fonte, qui franchissent parallèlement la vallée du Gave de Pau dont la dépression à la rue du XIV Juillet est à l'altitude de 174 mètres, et dès leur entrée en ville prennent des directions divergentes et se subdivisent en des conduites secondaires de plus en plus fines pour desservir les divers quartiers. Tout le système forme un réseau maillé de 47.378 mètres de développement. Les conduites sont enterrées sous la chaussée à une profondeur de 0m,60.

En marche normale, l'eau est en pression de deux atmosphères, à l'avenue Thiers, point le plus élevé et le plus éloigné de la ville agglomérée ; elle y arrive aux étages supérieurs.

Le débit quotidien de la conduite hydraulique est de 8,640 mètres cubes. L'eau est distribuée à volonté sur tous les points de la Ville par 100 bornes-fontaines, 297 bouches d'arrosage ou d'incendie, 18 urinoirs, 3 chalets de nécessité, 6 abreuvoirs et lavoirs et 47 appareils de chasse pour les égouts.

En outre, la Ville concède aux propriétaires le droit d'en approvisionner leurs immeubles, moyennant paiement d'une redevance fixe annuelle de 12 fr. augmentée d'une taxe également annuelle de 4 fr. par hectolitre journalier ; le compteur n'est obligatoire que pour les établissements industriels qui font une grosse consommation d'eau ; la taxe n'est alors que de 2 fr. 50. Le nombre des concessions d'eau, qui va se multipliant chaque jour, est de 1.288, dont 357 concessions industrielles.

L'alimentation hydraulique a coûté jusqu'à ce jour, en chiffre rond, 1,700,000 francs.

L'Œil du Néez, ainsi que son volumineux débit pouvait le faire pressentir, n'est pas une source vraie, c'est-à-dire une source fournissant de l'eau filtrée et épurée par un long passage à travers les pores du sol; des expériences de coloration à la fluorescéine, faites en 1898, démontrent avec toute certitude que cette source est vauclusienne et qu'elle n'est qu'une émanation du Gave d'Ossau.

L'étude géologique de la vallée d'Ossau donne la clef de ce phénomène ; elle montre, en effet, que, pendant la période quaternaire, lors de la descente du glacier d'Ossau, la moraine frontale de ce glacier vint, par le travers de Sévignacq, barrer le cours du Gave d'Ossau qui se faisait alors par la vallée du Néez. En amont du barrage formé par la moraine frontale, du pont de Germe à Sainte-Colome, il se forma d'abord un lac ; mais bientôt, la pression des eaux rompit la trop faible digue que la boue glacière lui opposait vers le Nord-Ouest, et le Gave prit son écoulement vers Oloron en se creusant un lit profond et encaissé entre deux murailles calcaires. Toutes les eaux ne suivirent pas cette voie: une partie, trouvant à s'infiltrer à travers les débris morainiques qui recouvrent la plaine, continua à suivre l'ancien lit, situé sur un plan inférieur, pour venir jaillir sur les confins de la moraine, à Rébénacq.

Nous possédons actuellement de nombreuses analyses de ces eaux faites tant au Laboratoire du Comité consultatif d'hygiène qu'au Laboratoire de bactériologie de Pau. Ces analyses confirment l'identité des eaux de l'alimentation hydraulique et du Gave d'Ossau ; elles concordent, en outre, à affirmer leur pureté constante en temps normal ; mais, quand l'eau du Gave d'Ossau est troublée par des afflux anormaux déterminés, soit par un orage, soit par la fonte des neiges, elle se charge de matières insalubres dont il importe de la débarrasser.

Le choix du Conseil municipal, à la suite d'un exposé très important des divers procédés de filtration et d'épuration des eaux potables, présenté par M. le maire H. Faisans, le 23 octobre 1903, s'est porté sur la filtration au sable avec préfiltration Puech.

L'installation filtrante sera placée à Guindalos en aval de la conduite libre afin d'éviter toute souillure ultérieure et en amont du réservoir de manière à conserver toute leur pression aux conduites de distribution; les travaux commenceront sitôt que les autorisations indispensables auront été accordées.

2o EGOUTS

L'alimentation hydraulique détermina la construction des égoûts ; l'énorme masse d'eau, amenée de l'Œil du Neiz, constituait en effet un moteur dont la puissance assurait l'éloignement rapide par une canalisation appropriée des matières usées de la vie journalière.

La ville, en tant qu'agglomération urbaine, occupant trois bassins, le bassin du Coudères au Nord, celui du Hédas au Centre et celui du Gave au Sud,

un projet complet rationnel d'égoûts devait se composer de trois systèmes; mais la situation respective de trois bassins a permis la modification suivante : un collecteur général, créé de toutes pièces, reçoit les collecteurs secondaires du Coudères et du Hédas avant la chute de ce dernier dans la Basse-Ville, et le cours inférieur du Hédas, concurremment avec le canal des usines Heïd, dessert le quartier de la rive droite du Gave.

La construction de ce vaste réseau d'égouts, commencée en 1874, a été achevée en 1899.

Pau pratique le *tout à l'égoût* et la même canalisation admet les eaux résiduaires et les eaux pluviales.

Collecteur général. — Le collecteur général, qui est l'émissaire de la totalité des eaux des bassins du Coudères et du Hédas, commence à quelques mètres en amont du pont du Château, traverse en souterrain la Basse-Plante et le parc national pour aller déboucher dans le canal des usines Heïd, à 500 mètres des habitations les plus rapprochées.

Entièrement en maçonnerie, il est du type qui correspond aux n°s 6 et 6 *bis* de l'album de Belgrand, avec les dimensions suivantes : 3m, 55 du radier au plafond; 2m, 50 à la panse ; la banquette mesure 0m, 60 de hauteur sur 0m, 60 de largeur ; la pente varie de 0m, 007 à 0m, 010. La longueur totale du collecteur est de 666 mètres.

Collecteur secondaire du Hédas. — Ce collecteur prend le lit même du Hédas, très encaissé et à pente très rapide dans l'agglomération.

Pour adapter le ruisseau à ces fonctions, il a suffi de régulariser sa pente à 0m, 25 par mètre et d'adoucir ses coudes trop accentués par des courbes de raccordement d'au moins 10 mètres de rayon. Le lit ainsi aménagé a été revêtu de maçonnerie sur une épaisseur, au radier de 0m, 25, aux pieds-droits de 0m, 70 et à la voûte de 0m, 30. La banquette est médiane ; la hauteur de la banquette au plafond varie de 1m, 75 à 1m, 85 ; la largeur est uniformément de 2m, 50. La longueur du collecteur secondaire du Hédas est de 1.240 mètres.

Collecteur secondaire du Coudères. — Ce collecteur se borne à cotoyer à distance sur une partie de son parcours le ruisseau le Coudères.

Il consiste en un aqueduc ovoïde en béton de ciment de 0m, 20 d'épaisseur qui présente un vide, en hauteur de 1m, 75, en largeur de 1 mètre à la panse. Sa pente ne descend jamais au-dessous de 0m, 005 par mètre. Il a une longueur de 1.644 mètres.

Egouts ordinaires. — Les égouts qui desservent les rues sont les uns en béton de ciment, les autres en tuyaux de grès vernissés.

Les égouts en béton de ciment affectent la forme ovoïde.

Le type n° 1, exécuté sur une longueur de 16.864 mètres, rappelle par ses dimensions le collecteur secondaire du Coudères et est, comme lui, visitable; l'épaisseur de l'enveloppe n'est que de 0m, 17.

Le type n° 2 mesure un vide de 1^m, 20 de hauteur et de 0^m, 80 de largeur à la panse ; l'épaisseur de l'enveloppe est de 0^m, 15 ; il est à la rigueur visitable. Il a été utilisé sur une longueur totale de 2.549 mètres.

La pente minima des égouts en béton de ciment est de 0^m, 005 par mètre.

La cuvette et les pieds-droits des égouts en maçonnerie et en béton de ciment sont recouverts d'un enduit au mortier de ciment pour favoriser l'écoulement des matières à basses eaux.

Les égouts en tuyaux de grès vernissés ont été préférés pour les rues susceptibles de peu d'extension. Cylindriques, d'un diamètre variant de 0^m, 225 à 0^m, 380 suivant le volume d'eaux pluviales qu'ils peuvent être appelés à écouler, ils ont une pente qui ne descend jamais au-dessous de 0^m, 008 par mètre. Il existe 4.573 mètres d'égouts de ce type.

Tous les égouts ordinaires sont indistinctement placés à une profondeur minima de 3^m, 20, de manière à recevoir même les eaux des étages de soubassement.

L'ensemble de la canalisation fonctionne d'une manière très satisfaisante ; toutes les parties en sont étanches ; la capacité et les pentes ont été calculées pour satisfaire à l'écoulement d'une averse de 125 litres par seconde et par hectare de bassin versant, ce qui ne se présente jamais à Pau ; les parois, et principalement celles du collecteur général, ont été construites de manière à résister aux vitesses d'affouillement qu'elles sont exceptionnellement exposées à supporter par les gros orages. A basses eaux, les matières diluées dans un minimum de 285 litres d'eau par seconde fournis par les eaux de l'alimentation hydraulique, des puits et des sources du plateau sont entraînées avec une grande rapidité ; en outre, 47 appareils de chasse automatique, placés le long des égouts en poterie, fonctionnent 6 fois en 24 heures en lançant chaque fois 2 à 3 mètres cubes d'eau ; ces chasses rapides, à haute pression, sont d'une remarquable efficacité ; elles constituent le principal moyen de curage pour les égouts de petite dimension.

Une équipe de trois égoutiers et d'autant d'auxiliaires suffit au bon entretien de la canalisation.

La construction du réseau d'égouts a coûté environ 1.700.000 francs.

Canalisation intérieure des maisons. — La canalisation intérieure des maisons a été réglementée par l'arrêté du 7 septembre 1874.

Aux termes de cet arrêté, chaque propriétaire est tenu de construire dans son immeuble un égout conduisant les matières fécales, les eaux ménagères et la plus grande partie possible des eaux pluviales de sa propriété dans l'égout public le plus voisin. Ce travail doit être fait par la ville, aux frais des riverains, dans la partie située sous la voie publique, et par le propriétaire dans son immeuble jusqu'au delà du tuyau de chute le plus éloigné. Cet égout doit avoir, à l'intérieur, une forme ovoïde ou demi-ovoïde présentant une largeur de 0^m, 40 à la pause, de 0^m, 22 au radier, et une hauteur de 0^m, 50. Il doit être recouvert d'une couche de terre d'au moins 0^m, 20. Sa pente doit

BARTHÉ

être d'au moins 0m, 005 par mètre. En outre, les matières des latrines et les eaux ménagères doivent être versées dans l'égout en question à l'aide de tuyaux en fonte pourvus d'un siphon ou d'un appareil Rogier-Mothes entre l'égout et l'orifice du cabinet d'aisances le plus rapproché de cet égout ; chaque cabinet d'aisances doit être muni d'un appareil inodore alimenté par des eaux abondantes et doit être mis en communication avec un tuyau d'évent débouchant à l'extérieur à un niveau supérieur à celui des lucarnes les plus élevées du toit. Enfin, une petite cuvette inodore en fonte ou en cuivre doit être également placée à chaque pierre d'évier, indépendamment du siphon ou de l'appareil Rogier-Mothes de la canalisation.

Un service de vérification des appareils d'évacuation des eaux et matières usées fonctionne régulièrement à Pau ; le prix de chaque vérification est de 3 francs, à moins qu'elle ne soit faite d'office.

Pau ne pratique pas seulement le *tout à l'égout*, il pratique aussi le *tout au Gave* par l'intermédiaire du canal des usines Heïd. Cette disposition a été tolérée parce que les terrains avoisinant Pau ne se prêtent pas à l'épandage et que, du reste, le déversement au gave, qui est une pratique déjà ancienne, n'a jamais présenté d'inconvénients. Toutes les conditions, en effet, reconnues nécessaires à l'innocuité du déversement à la rivière, la grande dilution des eaux d'égout, la vitesse torrentueuse de la rivière, l'absence d'une agglomération riveraine jusqu'au point où l'épuration a dû devenir effective, se trouvent réunies ici. Les matières résiduaires déjà diluées dans un minimum de 285 litres d'eau par seconde sont reçues par le canal des usines Heïd qui débite en permanence 6 mètres cubes et se jette lui-même dans le Gave dont le débit à l'étiage ne descend jamais au-dessous de 12 mètres cubes. La vitesse de l'eau dans le canal, mais dans le Gave surtout, est tellement torrentueuse que souvent le lit du Gave change par déplacement de son fond de galets ; les impuretés de l'égout y sont désagrégées et oxydées avant d'avoir pu se déposer. Enfin, la population de la vallée du Gave, jusqu'à 40 kilomètres en aval, n'habite pas sur les bords de la rivière, mais au pied des coteaux qui bordent la vallée et elle ne s'alimente pas avec ses eaux parce qu'elles sont souvent troubles et qu'elles sont accusées de donner le goître.

Les égouts ne se bornent pas à combattre directement l'infection de l'air du sol et de l'eau du sous-sol en s'emparant dès leur production de la plus grande partie des immondices, ils agissent encore indirectement sur la nappe souterraine en empêchant dans les îlots de maisons qu'ils circonscrivent l'accès des eaux de la nappe superficielle et par suite la diffusion des souillures vers les puits. Cependant, cette protection n'est pas encore parfaite : d'analyses récentes émanant du Laboratoire du Comité consultatif d'hygiène et du Laboratoire de bactériologie de Pau, il résulte : 1º que toutes les eaux du sous-sol contiennent une surabondance de chlorures et de nitrates, résidus de la décomposition des matières organiques que la population répand tout autour d'elle ; 2º que cette souillure en sels salins suspects est proportionnée à la souillure de la surface du sol et que, rapportée à la même longueur, elle était, en 1898, 40 fois plus considérable dans la zone des fosses de la ville agglomérée que dans la zone de la ville canalisée, et 80 fois plus que dans la zone des fermes et des villas; 3° que les fontaines débitant l'eau du sous-sol sont, par un temps sec, d'une pureté microbienne excessive, mais que, dans des conditions météorologiques opposées, la teneur en germes, en matière organique et en sels suspects augmente dans des proportions variables; 4° enfin, que les puits sont fréquemment souillés par des infiltrations d'eaux superficielles contaminées.

Aussi dans sa séance du 12 juillet 1898 le Conseil départemental d'hygiène a-t-il cru devoir déclarer que l'usage alimentaire de toutes les eaux du sous-sol de la ville, sans ébullition préalable, est dangereux.

Ce danger est assurément plus grave pour les puits où la souillure ne subit l'action atténuante d'aucune filtration; mais les fontaines elles-mêmes ne sont pas à l'abri de tout soupçon, parce que, comme tous les filtres naturels au sable, le filtre souterrain est traversé par des veines de plus facile pénétration qui peuvent leur amener des souillures insuffisamment filtrées.

Cette contamination des eaux potables a éveillé l'ardente sollicitude d'un de nos éminents concitoyens, coutumier des œuvres de bienfaisance, et, avant même que le Conseil d'hygiène n'ait été appelé à délibérer sur la question des eaux du sous-sol, M. A. de Lassencc, président de la société générale de secours mutuels du hameau de Pau, instituait un concours, avec prix en argent et en nature, en faveur des sociétaires qui auraient le mieux adapté par leur travail personnel les alentours de la maison qu'ils habitent à la protection des eaux potables des puits, de même qu'à l'aspect salubre et propre de la cour d'entrée, à l'entassement en dehors de la cour principale et à la conservation des principes fertilisants du fumier.

A la création d'un large périmètre de protection pour les puits, il faudrait ajouter l'adoption d'une construction plus rationnelle, tendant à empêcher les infiltrations d'eaux superficielles et l'interdiction absolue des puisards.

3° POLICE SANITAIRE, HYGIÈNE URBAINE

Pendant que ces grands travaux étaient exécutés au fur et à mesure des ressources disponibles, aucun détail de police sanitaire ou d'hygiène urbaine n'était négligé.

Un service de balayage très complet a été organisé et emploie 28 cantonniers auxquels on adjoint 84 balayeurs qui travaillent pendant 2 heures chaque matin: en outre, un atelier dit *de charité* emploie journellement et d'une manière constante aux travaux de nettoiement des rues et des places publiques 51 hommes et 8 femmes et, lorsque les circonstances l'exigent, tout le personnel est occupé à l'ébouage et à l'enlèvement des boues des chaussées d'empierrement. De plus, 4 employés, avec l'aide d'auxiliaires, sont chargés de l'entretien des chaussées.

Il est pourvu à l'arrosage par 29 tonneaux à bras et 4 tonneaux attelés.

Les ordures ménagères, contenues dans des récipients mobiles, sont méthodiquement enlevées tous les matins en même temps que les boues des rues.

Les dépôts d'immondices, de fumiers, de même que les industries insalubres, dont la présence au centre d'une agglomération pourrait présenter des dangers, ont été soigneusement éloignés des habitations.

L'abattoir a été relégué loin de la ville sur le cours du Gave, en aval, et un service très complet d'inspection des viandes y vérifie les bêtes sur pied, et les viandes et les viscères après l'abatage.

Des halles spacieuses et bien aérées ont été construites et sont tenues avec la plus scrupuleuse propreté.

Le cimetière a été reculé de 400 mètres vers le Nord.

Enfin, de larges voies ont été percées, baignées d'air et de lumière ; les chaussées revêtues de macadam, bordées de trottoirs en bitume ou en carreaux céramiques, sont tenues en parfait état de viabilité. Les maisons grattées, repeintes ou badigeonnées au moins une fois tous les dix ans, ont un aspect de jeunesse, de prospérité, de bonne santé, oserions-nous dire, qui réjouit la vue.

III

Prophylaxie des maladies transmissibles.

Dans ces dernières années, grâce à de précieuses initiatives, la ville de Pau a été dotée des installations nécessaires à la lutte contre la propagation des maladies épidémiques et contagieuses.

HÔPITAL DES CONTAGIEUX

A l'hospice central du cours Bosquet, les contagieux étaient isolés, soit dans des salles spéciales, soit plus tard dans un pavillon isolé ; mais l'isolement ainsi compris était le plus souvent inefficace et chaque fois que l'on avait à y traiter une maladie à forte expansion épidémique, telle que la variole (le plus souvent importée d'Espagne), il se produisait d'autres cas intérieurs qui rayonnaient bientôt en ville. Il importait de remédier à ce fâcheux état de choses.

En 1895, après entente avec la municipalité et avec l'aide d'une subvention sur les fonds du Pari mutuel, la Commission administrative de l'hospice fit ériger hors ville un hôpital spécial destiné au traitement des maladies contagieuses. L'emplacement choisi est situé au nord de la ville, sur un point relativement élevé, en dehors du périmètre de l'octroi, dans un quartier peu habité et peu fréquenté.

L'établissement comprend un pavillon pour les malades, précédé des constructions nécessaires aux services généraux du petit hôpital, et un pavillon pour le service de la désinfection.

Pavillon des malades. — Le pavillon des malades ne comporte qu'un rez-de-chaussée surélevé sur des piliers en maçonnerie de 0m.80 de hauteur. Il est divisé en 10 chambres, 5 de chaque côté, exposées au Midi et rendues indépendantes les unes des autres par un corridor intérieur qui longe leur côté nord ; ces chambres, largement ventilées, sont chauffées au moyen de poêles en faïence qui peuvent s'allumer du dehors ; toutes les cloisons de distributions intérieures sont entièrement vitrées au-dessus de 1m.10 de hauteur ; le parquet est en sapin noyé sur bitume ; le revêtement des murs et des parquets est imperméable et le mobilier, par sa composition et sa simplicité, rend facile l'application des mesures d'une désinfection rigoureuse.

Le pavillon, dans son ensemble, peut recevoir 10 malades absolument isolés, ou 20 malades en les doublant dans chaque chambre lorsqu'ils sont atteints de la même affection. En cas d'épidémie plus importante, deux plateformes bitumées ont été préparées dans le jardin, au sud du pavillon, pour recevoir deux grandes tentes Tollet, qui peuvent encore contenir 20 malades.

Selon toutes prévisions, le pavillon des contagieux servira presque exclusivement aux varioleux; pour rendre les épidémies de cette nature encore plus rares, il a été organisé un service municipal de vaccination gratuite qui fonctionne tous les samedis dans une des salles de la Nouvelle-Halle.

Pavillon de la désinfection. — Le complément nécessaire de l'hôpital des contagieux est un pavillon pour la désinfection; tandis que le premier a été rejeté vers l'intérieur des terres, celui-ci se trouve à côté de la porte d'entrée pour pouvoir aussi desservir la ville.

Comme tous les établissements de ce genre, le pavillon de désinfection se compose de deux parties distinctes, complètement séparées: le côté des objets infectés et le côté des objets désinfectés, qui n'ont d'autre communication directe que par l'étuve qui est encastrée dans le mur de séparation. Cette étuve, à vapeur sous pression, a une capacité de deux mètres cubes et demi; elle est secondée, pour la désinfection à domicile, par deux formolateurs (système du Dr Hoton) et par deux pulvérisateurs à levier et à lance.

Service de la désinfection. — Le service de la désinfection fonctionne sous la direction et la surveillance du Bureau d'hygiène; le personnel dont il dispose comprend un cocher pour la conduite des voitures, un mécanicien, un aide-mécanicien et des aides auxiliaires. Les voitures, au nombre de 2, sont du genre fourgon et hermétiquement closes; l'une est exclusivement réservée au transport des objets infectés, l'autre à celui des objets désinfectés.

Jusqu'à ces derniers temps, toutes les désinfections à Pau sont restées facultatives; cependant, la municipalité était loin de se désintéresser de la vulgarisation de cette excellente mesure prophylactique et, dès que la production d'un cas contagieux arrivait à sa connaissance, soit par la déclaration médicale obligatoire, soit par le bulletin de décès, une instruction, visant les mesures à prendre pour empêcher la propagation de la maladie, était envoyée à la famille, sous pli cacheté, avec une lettre de M. le maire, l'engageant à se conformer à ces prescriptions.

Aujourd'hui, en vertu de l'article 7 de la loi du 15 février 1902, et conformément aux prescriptions du règlement sanitaire municipal, la désinfection est obligatoire pour les maladies de la première catégorie désignées par le décret du 10 février 1903.

Les désinfections sont assujetties au tarif suivant :

I

« 8 fr. par demi-étuve (la capacité de l'étuve étant de deux mètres cubes
« et demi); pour faciliter l'étuvage d'objets de plus petit volume, le prix est
« réduit à cinq francs par matelas isolé ou par objet de volume inférieur ou
« équivalent;

« 10 fr. par homme et par journée de pulvérisation (divisible par moitié) ;

« 12 fr. pour la désinfection par les vaporisations de formol ou d'acide « sulfureux d'une ou de plusieurs chambres contiguës d'une capacité totale « inférieure à 100 mètres cubes, combinée ou non avec le brossage du par- « quet à la solution de sublimé, étuvage non compris ; chaque supplément « de 100 mètres cubes ou fraction de 100 mètres cubes est payé 8 fr.

II

« La désinfection hebdomadaire du linge en cours de maladie est comprise « dans les prix ci-dessus. Mais si cette désinfection hebdomadaire n'est pas « suivie de la désinfection complète du logement, à la fin de la maladie, une « somme de 5 fr. par bain antiseptique est due.

III

« La désinfection est faite gratuitement pour les objets provenant de l'hos- « pice et de ses annexes. Elle est également gratuite pour les indigents.

IV

« Toutes opérations de désinfection faites sans interruption pour la même « personne ou le même logement dans l'intérieur de la ville profitent d'un « rabais de 30 p. 100 sur toutes les sommes excédant 30 fr.

« Ce rabais est porté à 50 p. 100 pour la désinfection totale, en fin de sai- « son d'hiver, des hôtels, villas et appartements meublés, loués aux étrangers.

V

« S'il est réclamé, pour une maison de santé ou une famille, des désin- « fections hebdomadaires de linge et de literie pendant la saison d'hiver (du « 1er novembre au 30 avril), avec la désinfection totale de la maison ou de « l'appartement à la fin de la saison, le prix total est de 200 fr., payables en « deux termes et d'avance ; toute quinzaine supplémentaire est payée à rai- « son de 12 fr. 50.

VI

« Les opérations faites pour l'extérieur de la ville sont soumises au tarif « plein augmenté :

« 1o Dans les cas où les transports extérieurs sont assurés par les voitures « du service, d'une indemnité de 10 p. 100 par kilomètre ou fraction de kilo- « mètre en plaine à partir de la limite de la ville. Cette indemnité est de « 20 p. 100 pour tout kilomètre en coteau ;

« 2o Dans les cas où les transports extérieurs et, s'il y a lieu, la nourriture « et le couchage du personnel sont assurés par les demandeurs, d'une in- « demnité unique de 10 p. 100.

VII

« Le Bureau d'hygiène délivre des certificats, visés par le maire, indiquant « la date à laquelle des maisons ou parties de maisons ont été désinfectées.

« Le certificat de désinfection n'est accordé que si l'étuvage de la literie, « des tapis, rideaux, linges et tissus de toute nature accompagne la désin- « fection du local, obtenue soit avec les vaporisations de formol ou d'acide « sulfureux, soit avec les pulvérisations de sublimé, cette restriction ne s'ap-

« pliquant pas aux appartements non meublés. Le coût de chaque certificat,
« timbre de dimension compris, est de 1 fr. 50.

Le nombre moyen des désinfections dans les 5 dernières années (1900-1904)
a été de 550 par année, se répartissant ainsi qu'il suit :

176 désinfections complètes d'une ou de plusieurs chambres (85 à titre
onéreux, 91 à titre gratuit) ;

261 désinfections à l'étuve seule (178 à titre onéreux, 83 à titre gratuit).

18 désinfections au formol, au soufre ou au sublimé (16 à titre onéreux, 2 à titre gratuit);

95 bains désinfectants (84 à titre onéreux, 11 à titre gratuit)];

Laboratoire de bactériologie. — La ville de Pau doit à la généreuse initiative
de M. le docteur Valéry-Meunier de posséder un Laboratoire de bactériologie qu'il a fait édifier, en 1898, dans les jardins de l'Hospice, dont il est
complètement isolé.

Cet établissement, important surtout par les services qu'il est appelé à rendre à la ville et au pays entier, est un modèle du genre : toutes les surfaces y
sont imperméables; les tables en laque émaillée, les murs peints au ripolin, le
sol en carreaux céramiques sont aisément désinfectables avec les antisepti-
ques les plus puissants ; les cages, contenant les animaux destinés aux expériences physiologiques, sont d'une stérilisation facile et placées dans des lo-
caux spéciaux.

La direction du Laboratoire a été confiée à M. le docteur Henri Meunier,
fils du fondateur, ancien interne et chef de laboratoire des hôpitaux de Paris,
dont la compétence en cette matière est toute spéciale.

Bureau d'hygiène. — La création d'un Bureau d'hygiène à Pau remonte à
l'année 1885.

Le directeur, dont l'autorité s'appuie sur une Commission municipale d'hygiène, a pour principales attributions de recueillir les renseignements relatifs
aux maladies transmissibles et de provoquer et surveiller les mesures pro-
phylactiques qu'elles nécessitent ; il signale à l'autorité les circonstances qui
peuvent avoir contribué au développement ou à la propagation de la maladie
et si, au domicile du malade ou du décédé, il constate des causes perma-
nentes d'insalubrité, il en dresse des rapports qui sont ensuite soumis au
service compétent. Il contrôle l'inspection des denrées alimentaires et les opérations du service des mœurs. Enfin il centralise tous les documents de l'état
civil et les collige dans des bulletins de statistique hebdomadaires et men-
suels et dans des rapports de fin d'année qui font ressortir les progrès réali-
sés et ceux qui restent à obtenir.

IV

Résultats obtenus.

La comparaison des tableaux de léthalité de la ville de Pau, depuis 1855
jusqu'à ce jour, fait ressortir d'heureuses modifications dans l'état sanitaire
de la population.

Pour rendre le résultat plus palpable, nous avons divisé ces 50 années en trois périodes comparatives, de durée inégale il est vrai, mais dont les limites sont fixées par un événement hygiénique prépondérant.

La première période comprend les années 1855 à 1874, pendant lesquelles la ville de Pau, soumise au régime des fosses peu ou point étanches, s'alimente exclusivement en eaux de son sous-sol.

Dans la deuxième période, qui s'étend de l'année 1875 à l'année 1884, la plus grande partie du réseau d'égouts est construite, mais les eaux de l'alimentation hydraulique, dont le trouble était plus considérable et plus fréquent qu'aujourd'hui à cause de la mauvaise exécution de la conduite d'amenée, n'ont pas encore obtenu la faveur de la population.

Enfin, dans la troisième période de l'année 1885 à l'année 1904, après la réfection de la conduite en 1884, la population, ainsi que le montre le nombre toujours croissant des concessions d'eaux, commence à apprécier les bienfaits de l'alimentation hydraulique, divers tronçons d'égout sont encore créés, l'assainissement arrive à son apogée.

La mortalité générale de la première période est de 26,66 p. 1000 habitants; celle de la deuxième de 23,59; celle de la troisième de 21,18; plus spécialement, la mortalité générale des cinq dernières années est de 20,29.

Ainsi l'heureuse modification des conditions sanitaires de la ville sur la première période se traduit aujourd'hui par un gain annel de 218 existences.

Mais, détail qui ne manque pas d'importance, l'amélioration ne porte pas seulement sur le nombre absolu des décès, mais aussi sur l'âge des décédés dans les proportions suivantes :

GROUPES D'AGES	NOMBRE DE DÉCÈS POUR 1000 HABITANTS DE CHAQUE GROUPE D'AGES			
	Période 1855-1874	Période 1875-1884	Période 1885-1904	Années 1900-1904
Habitants ayant moins de 1 an................	222	185	201	180
— — de 1 à 19 ans............	16	11	8	6
— — de 20 à 39 ans............	15	12	8	6
— — de 40 à 59 ans............	22	20	19	14
— — 60 ans et au-dessus.......	75	75	70	62

Ce tableau montre que tous les groupes d'âges bénéficient de l'amélioration survenue, mais surtout les groupes d'âges 1 à 19 ans et 20 à 39 ans, en raison de leur plus fort appoint dans la composition de la population.

Ainsi qu'on peut le prévoir d'après cette donnée, le dépouillement des causes de décès accuse une diminution considérable des décès par maladies zymotiques.

La fièvre typhoïde paraît avoir été, dans les premières périodes, une cause de décès beaucoup plus commune que de nos jours. Il est difficile de préciser avec quelque exactitude le nombre de décès qui lui incombe dans ces périodes déjà reculées, parce qu'il régnait à son égard dans la nomenclature en usage une véritable confusion qui existait, il est vrai, dans la science à cette époque. Indépendamment des fièvres muqueuses, ataxiques, adynamiques, que nous rattachons sans hésitation à la fièvre typhoïde, la nomenclature porte des fièvres continues inflammatoires, catarrhales, bilieuses, des fièvres cérébrales et, par surcroît, une colonne très chargée de *autres fièvres* sans compter les fièvres intermittentes et pernicieuses. En ne tenant compte que des premières, nous arrivons pour la première période à une moyenne de 27 décès annuels, pour la deuxième à une moyenne de 20, pour la troisième à une moyenne de 9 ; la moyenne des cinq dernières années est de 10.

La variole, qui, dans la première période, sévissait presque tous les ans, a produit, par suite de la grande épidémie de 1870-71, une moyenne de 24 décès annuels ; dans la deuxième, elle est représentée par 5 décès en tout ; la troisième, à cause d'une petite épidémie en 1891, comprend une moyenne de 2 décès par année ; dans les cinq dernières années, il n'y a eu qu'un seul décès pour cette cause.

La rougeole n'a pas subi de modifications sensibles ; elle a périodiquement des retours offensifs qui déterminent une moyenne de 4 décès annuels.

La diphtérie a subi un léger accroissement dans la deuxième période : 13 décès par an au lieu de 10 dans la première période ; dans la troisième, le nombre des décès s'est abaissé à 6, à cause de la sérothérapie : il n'a guère été que de 1 dans les cinq dernières années.

Le choléra, en 1855, a occasionné 51 décès à l'asile des aliénés ; il n'a pas reparu depuis.

Les gastro-entérites des enfants du second âge, qui ont été la cause de nombreux décès dans les deux premières périodes, ont très exactement suivi la marche de la fièvre typhoïde.

La fièvre puerpérale est devenue très rare ; elle ne prélève pas un décès annuel.

La tuberculose des différents appareils continue à faire de nombreuses victimes ; environ le cinquième de la mortalité lui incombe.

En résumé, nous constatons une diminution notable pour la fièvre typhoïde, la variole, la diphtérie et les gastro-entérites du groupe (1 à 19 ans) qui n'étaient sans doute que des fièvres typhoïdes. La fièvre typhoïde et les gastro-entérites ont dû être spécialement influencées par les grands travaux d'assainissement et surtout par l'adduction d'eaux du dehors. La variole a cédé devant la propagation de la vaccine. Le nombre des victimes de la diphtérie a baissé depuis la sérothérapie.

A défaut d'un vaccin spécial, toutes les autres affections épidémiques ou contagieuses peuvent être arrêtées dans leur propagation par la désinfection, mais, malheureusement, la désinfection n'est pas légalement obligatoire pour la plus meurtrière de toutes ces maladies !

Aujourd'hui, la partie agglomérée de la ville de Pau, qui couvre 271 hectares et renferme 31.904 habitants sur les 34.268 de la population résidente totale, doit être considérée comme assainie ; la rue du XIV Juillet va être incessamment pourvue d'égouts et aussi successivement toute la banlieue incluse dans le périmètre de l'octroi. A l'exception de quelques passages privés qui ne remplissent pas les conditions requises pour la prise en charge par la ville, toutes les rues seront canalisées et il existe 27.536 mètres d'égouts.

Chaque habitant dispose de 300 litres d'eau par jour et 1288 maisons sur les 2321 de l'agglomération en sont directement approvisionnées. La ville est bien tenue dans toutes ses parties. A ces conditions, il faut ajouter la forte proportion de surface non bâtie, à savoir 221 hectares, généralement couverts d'arbres et de plantations, qui contribuent à entretenir la pureté de l'atmosphère et tempèrent les chaleurs de l'été.

Il résulte de ce concours de causes favorables, secondées par un climat exceptionnel, un état sanitaire satisfaisant et qui va sans cesse s'améliorant.

Le relevé des décès des cinq dernières années précédentes, accuse un taux obituaire de 20, 29 pour 1000 habitants. Ce taux est formé de la totalité des décès survenus sur le territoire de la commune, c'est-à-dire comprend les décès très nombreux de l'asile interdépartemental des aliénés et ceux de la clientèle d'hiver non recensée. Cette majoration, illégitime puisque ces décès n'appartiennent pas à la population indigène, est exorbitante, car elle enfle d'un cinquième le chiffre de décès qui lui incombe. Le taux obituaire rectifié de la ville de Pau n'est, pour les cinq dernières années, que de 16,74 pour 1000 habitants.

Pau, le 1er février 1905.

www.ingramcontent.com/pod-product-compliance
Lightning Source LLC
Chambersburg PA
CBHW060514200326
41520CB00017B/5043